JN163777

森のなかの
オランウータン学園

文と写真
スージー・エスターハス
訳
海都 洋子

六耀社

目次
もくじ

- 4 スージーから読者のみなさんへ
- 6 ケアセンターの治療室
- 9 オランウータンの守護神
- 11 母親をなくして
- 12 ケアセンターへようこそ
- 14 里親のお母さんたち
- 16 やさしく思いやりのあるケアで
- 19 お風呂の時間
- 20 森の学校
- 23 木登りの学習
- 24 森のビュッフェ
- 27 森の遊び場
- 29 「赤ちゃん」から「子ども」へ
- 31 森のなかを探検する
- 32 オランウータンのおとまり会
- 34 野生にもどる
- 37 エコツーリズム
- 38 オランウータンの保護
  野生動物を助けるには／どうすればオランウータンを助けることができるか
- 40 子どもたちがスージーに聞く
- 42 用語解説
- 43 翻訳者ノート

スージーから読者のみなさんへ

ボルネオのオランウータン・ケアセンターには、森林破壊や密猟などで、お母さんをなくし、孤児になった赤ちゃんオランウータンたちが、たくさん保護されています。

この赤ちゃんたちといっしょにいると、まるで人間の子どもたちと遊んでいるような気になります。みんなとてもたのしくて、人間の子どもと同じです。どの子もやさしいし、甘えん坊だし、どじでおちゃめで、やんちゃないたずらっ子です。そして甘えたい時には、お母さんがいないことをほんとうに悲しんでいます。あなたと同じように、ぜったいお母さんにいてほしいからです。

でも、そんな赤ちゃんオランウータンを助けようとしている人たちがいます。すばらしいことだと思いませんか。

私は、子どものころから、動物を助ける仕事をずっとやっていきたいと思っていました。そして私とまったく同じ考えの人たちが、世界中にいます。

でも、オランウータン基金インターナショナルのケアセンターの人たちのような、動物を愛し保護する人たちが、もっともっと必要なのです。この人たちがいなかったら、オランウータンは絶滅してしまうかもしれません。

あなたも、困っている動物を助けるために、自分にも、いつでもできることがあるということを覚えていてください。

Suzi Eszterhas

著者のスージー・エスターハスは、幸運にも孤児のオランウータンを抱くことができました。「オランウータン・ケアセンター／検疫所」は一般には非公開ですが、スージーは、写真家として特別許可をもらっていました。外部からの訪問者として、彼女は常にマスクと手袋を身に着けていましたから、赤ちゃんオランウータンに細菌感染させることは、まったくありませんでした。

PHOTO BY FABIENNE CHAMOUX

ケアセンターの治療室

東南アジアの大きな島、ボルネオ島。その蒸し暑い森のなかに、オランウータン基金インターナショナルの「オランウータン・ケアセンター/検疫所」があります。そこは、救助されたオランウータン——ほとんどが孤児になった赤ちゃんオランウータンです——の世話をする特別な施設です。

センターは、タンジュン・プティン国立公園の外側に位置し、地元のパシル・パンジャン村出身の100人以上のインドネシア人スタッフが、ここで働いています。オランウータンが大好きで、訓練プログラムを受けて、そのケアの仕方を学んだ人たちです。

いつ行っても、そこには300頭以上のオランウータンがいます。その赤ちゃんオランウータンたちはすべて、大きくなれば野生へもどされます。こんなにたくさんの動物を助けることは一大事業です。センターには手術室、レントゲン撮影室、医療研究室、研究図書館、オランウータンたちの部屋や獣医師たちの宿舎、それに私有林があります。

オランウータンは、むかしは東南アジアのほとんどの地域や、中国の南部地域でも見られましたが、今では、ボルネオ島とスマトラ島だけでしか見られなくなってしまいました。

オランウータンの守護神

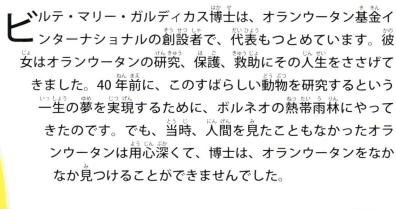

ビルテ・マリー・ガルディカス博士は、オランウータン基金インターナショナルの創設者で、代表もつとめています。彼女はオランウータンの研究、保護、救助にその人生をささげてきました。40年前に、このすばらしい動物を研究するという一生の夢を実現するために、ボルネオの熱帯雨林にやってきたのです。でも、当時、人間を見たこともなかったオランウータンは用心深くて、博士は、オランウータンをなかなか見つけることができませんでした。

ガルディカス博士は、ヒルやワニやニシキヘビや病気を運ぶ昆虫などをものともせずに研究をつづけました。忍耐強く研究に専念して、森のなかでオランウータンを追跡できるようになり、その生態や習性を調べました。
やがて、生息地の破壊やめずらしいペット取引のせいで孤児になるオランウータンの赤ちゃんが多いことを知ると、ガルディカス博士は、そうした赤ちゃんたちを救助しようと決心しました。そして、スギトという名の最初のオランウータンの赤ちゃんを助けてから数十年、いまや博士は何千頭もの孤児を助けた貢献者です。

ガルディカス博士は、オランウータンの住む熱帯雨林の保存にも熱心に取り組み、世界の人々にどうしたら協力できるのか知ってもらうことにも力を注いでいます。彼女は、まちがいなく、オランウータンのもっとも偉大な友人であり保護者です。

INSET: PHOTO COURTESY OF ORANGUTAN FOUNDATION INTERNATIONAL

母親をなくして

オランウータンの母親は、動物界でも、とてもすばらしい母親として知られています。よく気がきくし、愛情深くて、8～9年は子どものそばからけっして離れません。
でも、悲しいことに、人間のなかにはオランウータンの赤ちゃんをほしがる人がいます。すると密猟者たちが、母親オランウータンを殺してその赤ん坊を盗み、ペットとして売るのです——不法行為なのに。
母親から引き離されてしまうと、赤ちゃんオランウータンは元気をなくし、悲しんで、多くは死んでしまいます。

役所の担当者が孤児になった赤ん坊を救出し、オランウータン・ケアセンターに連れてくることがあります。やってきた赤ちゃんは、おびえ悲しんでいて、お母さんを恋いしがって、夜には泣いてしまいます。
そんな時、ケアセンターのボランティアがやさしく腕に抱いてあげると、赤ちゃんたちは、その人の胸の鼓動を聞き、まるで野生でお母さんの胸の鼓動を聞いているように思います。赤ちゃんたちは、抱きしめられ、温められて、やっと安心するのです。

オランウータンの赤ちゃんは、お母さんの長い赤い毛にしがみついています。そうすれば、お母さんは4本の手足を自由に使って木に登ることができるのです。

赤ちゃんが、まだとても小さい時には、母親オランウータンは、自分の腕の届く範囲以上に赤ちゃんから離れることは、けっしてありません。それは、赤ちゃんがこわがった時に、すぐに安全な手元に引き寄せ、安心させることができるからです。

ケアセンターへようこそ

オランウータン・ケアセンターに連れてこられると、どの赤ちゃんオランウータンも、少なくとも1か月のあいだ、隔離されます。そしてその期間は、ほかのオランウータンとの接触を禁じられます。これは、新たにやってきたオランウータンが、病気や寄生虫を持っているおそれがあるからです。ケアセンターのチームにとって、新しい赤ちゃんが、ほかの赤ちゃんたちといっしょになる前に健康であることを確認するのは、とても大事なことです。
また、オランウータンは人の持つ細菌にもすぐに感染します。だから、獣医師たちは、診察中には必ず手袋とマスクを着用しています。

獣医師たちは、1頭1頭、注意深く、赤ちゃんたちを診察します。心音を聴き、体温を測り、小さな体の身長と体重を計ります。診察中に赤ちゃんがおびえたりすると、ケアする人が、いつもすぐそばにいて、抱いたり耳にささやいたりしてやります。

体重測定器に乗せる時には、赤ちゃんオランウータンに動物のぬいぐるみを持たせます。すると赤ちゃんたちは安心するのです。

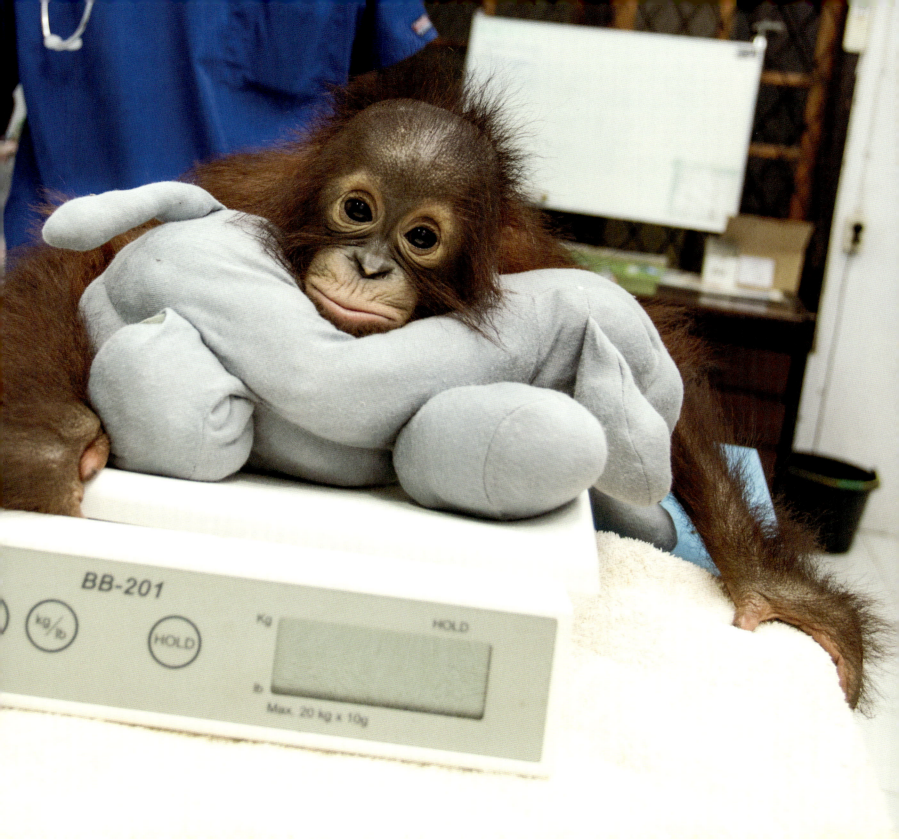

里親のお母さんたち

オランウータンの赤ちゃんは、人間の赤ちゃんにとてもよく似ています。いつもやさしく気づかってもらう必要があるのです。

ケアセンターには、多くの人間のお母さん（里親）がいます。赤ちゃんオランウータンたちの体をケアし、心を支えてくれる人たちです。

里親のお母さんたちは、母親オランウータンがやることをすべてやろうとがんばりますが、それは、たいへんな仕事です。たとえば、赤ちゃんに食事をさせ、体を清潔にしてやり、抱きかかえ、抱きしめ、キスをしてやります。まだほんとに小さい子には、添い寝をして子守唄を歌って聞かせることもあります。

医療チームは、病気のオランウータンの体を治す手伝いをしますが、里親のお母さんは、赤ちゃんの傷ついた心をいやす手伝いをします。

孤児になった赤ちゃんは悲しみにふさぎこんでしまい、何も食べようとしないし、何かをしようともしません。ただしっかり胸に抱かれて安心したいのです。だから里親のお母さんの最初の仕事は、赤ちゃんにたっぷりの愛情を注ぐことです。その次が、食事をするようにうながすことです。

◀

オランウータンは人間によく似た動物です。実際のところ、オランウータンの遺伝子のおよそ97％は人間と同じなのです。

オランウータンの赤ちゃんが人間の赤ちゃんと同じケアを必要とするのはなぜか、そして、里親のお母さんたちがオランウータンの赤ちゃんをとても上手に育てることができるのはどうしてか、ということの説明になるかもしれません。

やさしく思いやりのあるケアで

ケアセンターでは、孤児の赤ちゃんたちは「おむつ」をしています。かわいいと思うかもしれませんが、そう、おむつには大切な役目があるのです。赤ちゃんオランウータンは、したい時にいつでも（！）うんちをします——どんな場所でもかまわずにします。おむつは、ちょうど人間の赤ちゃんと同じように、オランウータンの赤ちゃんを清潔にしておくのです。また、ケアをする人たちが、汚れることなく赤ちゃんとしっかり接触できるようにもしているのです。

母親をなくした孤児たちは、もう母乳は飲めないので、粉ミルクを哺乳ビンから飲まなければなりません。授乳は 24 時間休みなしの仕事です。赤ちゃんたちには、夜中でも数時間ごとに授乳が必要なのです。

どの赤ちゃんも、センターにやってきた時にはやせ細って不健康です。ミルクをたっぷり飲んで体重を増やさなければなりません。そうしないと生き残っていけないのです。

やがて、赤ちゃんたちは哺乳ビンが大好きになります。哺乳ビンを見ると、もう大興奮して、まるで里親のお母さんにうれしい気持ちを話しかけているように見えます。大よろこびでキーキーと歓声をあげ、幸せそうな顔をしたりします。哺乳ビンをつかみ取り、自分で持って、ごくごくと一気に飲んでしまうことすらあります。

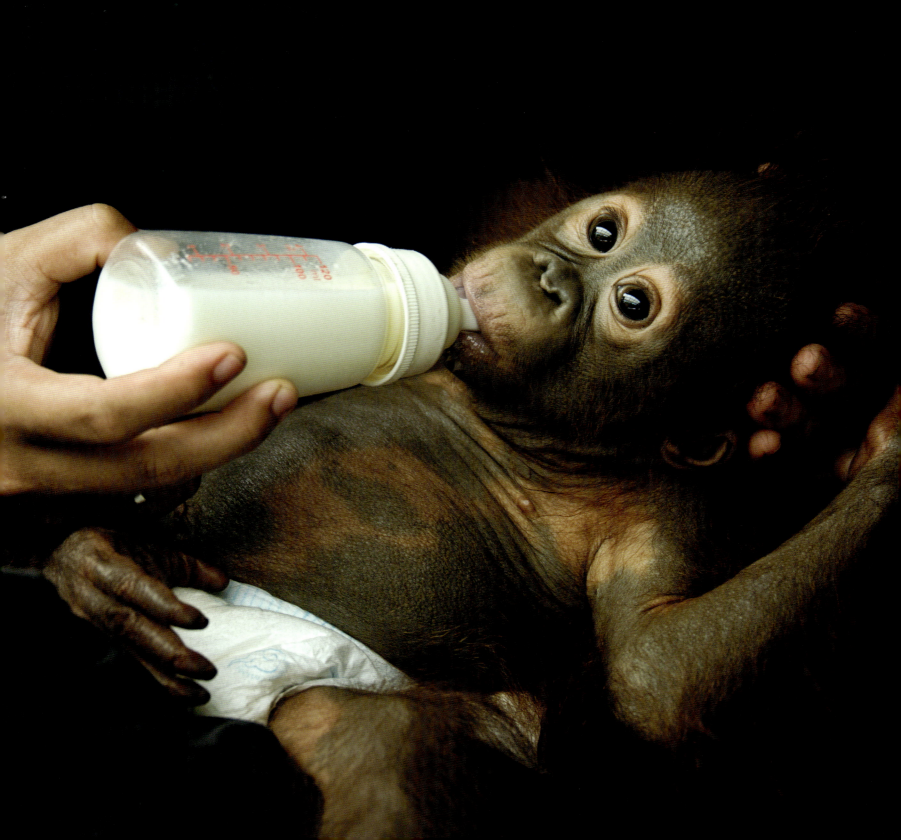

お風呂の時間

母親オランウータンは、自分の指や唇を使って赤ちゃんの体毛についた昆虫や汚れをとって、清潔にしてやっています。里親のお母さんは、赤ちゃんをお風呂に入れるほうがいいようです。でも、お風呂の時間が好きではないオランウータンもいます。オランウータンは生まれつき水をこわがります。そこで、里親のお母さんは、やさしくなだめながら、赤ちゃんをバスタブへ誘わなければなりません。

ケアセンターの赤ちゃんたちは、週に2、3回、お風呂に入ります。これは、オランウータンがいつもきれいにしておくことを自分で学ぶまで、その体を清潔で健康に保ち、寄生虫を防ぐのが目的です。お風呂からあがると、里親のお母さんは、赤ちゃんをタオルで拭いてやり、ごほうびのバナナをあげます。

▶ お風呂タイムは、大きなタオルで"いないいないばあ"をする、たのしい時間です。

森の学校

里親のお母さんは、赤ちゃんの身のまわりの世話だけではなく、オランウータンが生きていく方法についても教えます。

森は、オランウータンの本来の住まいですから、赤ちゃんは、その生息地である森を快適なところと感じられるようにならなくてはなりません。

森の学校は早い年齢から始まります。毎日、里親のお母さんは赤ちゃんを森へ連れていきます。赤ちゃんたちは森の新鮮な空気を吸い、暖かな太陽を浴び、鳥のさえずりや虫のブンブンいう音を聞き、木立のなかで遊び、学びます。この学校では、森が教室で、里親のお母さんが先生です。そこには、コンピュータも紙も鉛筆もありません。教材は木のつるや葉っぱや果物です。

生まれてから最初の2年間は、母親オランウータンは赤ちゃんをずっと抱きかかえています。そうすれば、森を通る時にも安全です。里親のお母さんも赤ちゃんを抱きかかえていなければなりません。赤ちゃんたちは、さっとその腕を里親のお母さんの首に回してしがみつきます。

木登りの学習

野生のオランウータンにとって、木登りは、生きていくためにいちばん大事なことです。赤ちゃんはとても小さな木に登ることから始めます。木登りはこわい思いをすることもあるので、母親オランウータンは赤ちゃんが自分から勇気を出してやろうとするまで、辛抱強く待ちます。
ケアセンターの里親のお母さんたちも、同じようにしています。いつも、すぐそばにいて、赤ちゃんが落ちないように気をつかい、キスをして勇気づけてやります。やってみると、いちばん幼い赤ちゃんでも、枝にぶら下がることができます。そうやって筋力をつけながら、バランス感覚も発達させていくのです。

オランウータンは、大人になるまでに、落ちることなく木から木へと移動できるようにならなければなりません。オランウータンは猿のように「飛び移る」ということはしません。そうではなく、木からほかの木へ「スイング」して移っていくのです。今いる木を、移りたい木のほうへ自分の体重でしならせて近づけます。何度かやって、向こうの木に手か足が届くと、その木をつかんで移ります。移る時、必ず片手か片足は木や枝をつかんでいるので、落ちることはありません。
成長したオランウータンは2本の足を、まるで手のように使います。4本の手足を使って、枝をつかみ、ジャングルをすいすいと移動していきます。

森のビュッフェ

森にはたくさんの食べ物があります。大人のオランウータンは何百ものさまざまな食べ物を食べます。果物、葉っぱ、花、樹の皮、根っこ、花の蜜、蜂蜜、昆虫、そしてキノコ類などです。オランウータンの赤ちゃんは、野生でもケアセンター育ちでも、それまで食べたことのない物を食べてみて、森にある多くのさまざまなごちそうを食べられるようになることが大切なのです。

野生では、オランウータンの赤ちゃんは生後6か月になると固形物を食べ始めます。母親オランウータンは、食べ物を口のなかでよく噛み砕いて、それを子どもに食べさせてみます。
ケアセンターでは、里親のお母さんが、自分の手で葉っぱや果物を細かくして、赤ちゃんがかじるように手渡します。赤ちゃんに森の食べ物を食べさせ、野生にもどった時、食べる物が分かるようにしたいと思って教えているのです。

センターの外の森のなかでは、里親のお母さんたちは、母親オランウータンがするように、赤ちゃんを清潔に保つために、赤ちゃんについた虫をつまみ取ってやります。その虫たちも、オランウータンにはおいしいごちそうですが、もちろん里親のお母さんたちは、虫は食べません！

森の遊び場

森は勉強ばかりするところではありません——そこはまた、とってもたのしい場所にもなります。オランウータンの赤ちゃんたちは、ケアセンターのまわりの森で遊ぶのが大好きです。いっしょに枝にぶらさがって、枝から枝へスイングして遊びます。枝にぶらさがったまま、空中で、つかみ合いごっこだってやります。そして里親のお母さんの腕のなかに逃げ込んで、「ここまでおいで！」というような顔をしたりもします。

オランウータンは、とてもよく人に似ています。もともと、オランウータンとはインドネシア語で「森の人」という意味なのです。
ちょうど人がみんなそうであるように、どのオランウータンにも個性があります。臆病で内気な子がいれば、社交的で冒険好きな子もいます。赤ちゃんたちは、ぐずったり、癇癪を起すこともありますし、なにか悲しいことがあると、キーキーと声を上げて泣きます。

子どものオランウータンたちは疲れ知らずで、何時間も遊びつづけます。遊びは、筋肉をきたえ、骨を強くし、バランスのいい体を作るために、とても大事です。
ケアセンターでは、子どものオランウータンは少人数のグループに分けられています。子どもたちは、ばか騒ぎが好きで、取っ組み合いをしたり、里親のお母さんたちに甘えて、くすぐってもらったりします。
ケアセンターには、ロープと車のタイヤで作った特別な遊び場もあります。子どものオランウータンたちは、ここで、高い木から落ちる心配なしに、スイングの練習をするのです。

ずっと遊びつづけていると、オランウータンたちはとてものどが渇きます。「水休み」の時間になると、みんな、ごくごくと水入れから水を飲みます。そのうちに、森のなかでどうやって水を見つけたらいいのかを学ぶことになります。

「赤ちゃん」から「子ども」へ

母親オランウータンと赤ちゃんの絆は、動物界でもほんとうに強いものとして知られています。ほかの動物とくらべてみても、野生のオランウータンはとても長いあいだ、母親のもとを離れません。子どものオランウータンが、自力で生きていくために必要な知識をすべて身につけるまでには8年もかかります。そのあいだずっと、母親オランウータンは一生懸命に子どもの安全と健康と幸せを守りつづけます。

ケアセンターでも、里親のお母さんたちが、同じように熱心に取り組んでいます。子どものオランウータンと里親のお母さんとの結びつきは、数年間つづきます。

4～5歳になると、子どものオランウータンは、もう抱いて運ぶには重すぎるようになります。里親のお母さんたちは、その代わりに手をつなぐことを教えます。

森のなかを探検する

孤児のオランウータンたちも、だんだん、ケアセンターの遊び場から離れたほんとうの森のなかで時を過ごすようになります。森のなかを探検することで、頭に森の地図が入ってきます。これは、生きていく上でとても重要な知識です。迷子になることがなくなるし、おいしい果物のなる木の場所をつきとめやすくなるからです。

5歳になると、野生のオランウータンは森のなかを母親について動き回り、どこに行って何を食べるかを学びます。里親のお母さんたちも、母親オランウータンがするように、子どものオランウータンを連れて森のなかを歩き回ります。

里親のお母さんは森の食べ物を子どもたちにすすめます。そして、どの植物がおいしくて安全か、毒があるのはどれかを教えます。子どもたちはいちばんおいしい食べ物の見つけ方を学ぶとともに、果物を食べる前の、皮のむき方、つぶし方、種の取り方などを習います。

食べ物のことがわかったら、いよいよ最後になりますが、里親のお母さんは、木の上の巣の作り方を教えます。野生のオランウータンがするように、自分で寝床を作るためです。

オランウータンのおとまり会

何年ものあいだ、里親のお母さんと過ごしてきて、孤児のオランウータンは、やっと森のなかでひとりで過ごせるまでに大きくなり、自信もついてきました。さあ、今度はほかの若いオランウータンたちといっしょに森のなかで一晩過ごすことになります。このように外の世界で過ごしてみることは、オランウータンが森で生きていくための大きな一歩となります。この経験が、食べ物を探す能力を発達させ、そうしてひとりで生きていく力を養わせるのです。

「おとまり会」は人間の「パジャマパーティ」のようなものです。そこで、若いオランウータンたちは友達になります。野生のオランウータンも、「子ども」「若者」の時期は、ほかの若いオランウータンと友達になります。けれども、大人になると、みんな、ほとんどの時間をひとりで過ごすようになります。

やがて、オランウータンは木の上の巣で寝るようになります。若いオランウータンは木の枝と葉のなかにもぐり込むことを気持ちよく感じるようにならなければなりません。野生では、オランウータンは一生の95%を木の上で過ごすからです。こうすることで地上に潜んでいるトラやヒョウや野生の豚、ニシキヘビ、ワニなどの天敵から身を守ることになるのです。

野生にもどる

センターは、救助されたオランウータンをすべて、確実に、野生へもどすことを目標にしています。野生へもどされる年齢が決まっているわけではありません。準備ができしだい、それぞれもどされていきます。

センターにある森は、オランウータンたちが住むには狭すぎます。そこで、オランウータン基金インターナショナルの科学者たちにとっては、オランウータンを野生にもどす森を探すことが大切な仕事になります。彼らは、オランウータンが人間から離れて安全で、木がけっして切り倒されない森を見つけなければなりません。いい森が見つかると、野生にもどすことになります——けれども、それでオランウータンたちと「さよなら」ではありません。スタッフは、毎日、野生にもどったオランウータンたちを観察して、元気にしているか、十分な食べ物を見つけているか確認します。オランウータンがお腹をへらしているようだったら、果物などの食べ物を持っていってやります。これを、オランウータンが自分でちゃんと食べていけるようになるまでつづけるのです。

ケアセンターのオランウータンが、森の生活に慣れて、野生にもどされる時には、たいてい、もう1頭の仲間といっしょです。そして、普通、最初の数か月（数年のこともあります）、2頭はいっしょに過ごします。でも、完全な大人に成長すると、それぞれ単独生活を送るようになり、森のなかで、ひとりで過ごすようになります。

エコツーリズム

ボルネオ島とスマトラ島には、野生にもどって自由に生きているオランウータンを訪ねることのできる特別な場所がいくつかあります。そこのオランウータンたちは、人間に育てられたので人間をこわがらず、観光客のすぐそばまで歩み寄ってくることがあります。そんななかには、すっかり有名になって、20〜30年も人気者というオランウータンもいます。

エコツーリスト（野生動物と自然環境を大切に考える観光客）は、オランウータンを見るために世界中からやってきて、その生息地の森にいるオランウータンを観察しながら、森のなかを歩きます。こうした観光客にサービスを提供するホテルやエコツアー会社は、地域経済を支えてきました。そして村人たちに収入のある仕事を提供するので、村では木材や紙のために木を切り倒して売る必要がなくなります。これが、オランウータンを保護するのに役立っています。

オランウータンの保護

100年前には、50万頭のオランウータンがいました。現在、全世界で5万頭しか残っていません。オランウータンは、絶滅の危機に直面しています。もし、今いるオランウータンがいなくなったら、地球上には、もうオランウータンは1頭も残らないでしょう。

オランウータンをこのような大きな危機にさらしているのは何でしょう。人々が、木材や紙のために、あるいはアブラヤシの巨大な農園を作るために、オランウータンの生息地である森林を切り倒しているのです。アブラヤシの果実（右上の写真）から採れるパームオイルは、スーパーで売られている商品のほぼ半数のものに使われています。たとえば、キャンディ、ピーナツバター、シリアル、石鹸などです。

インドネシアでは、1時間に、サッカー場300個分の広さの森林が切り倒されているのです。ほんとうに広大な森林です。

オランウータン基金インターナショナルは、いくつかの地域で樹木を移植する特別なプログラムを実施していますが、森林になるまでにはずいぶんと時間がかかります。ですから、もっとも重要なことは、今あるオランウータンの生息地保護に焦点を当てることです。今すぐに、オランウータンを保護するための行動を起こさなければ、15年のうちにオランウータンは絶滅するでしょう。

野生生物を助けるには

野生生物ウォッチャー（観察者）になること！ 私たちの暮らしている地域や、あるいは自分の家の庭には、いろいろな生き物が住んでいます。インドネシアの子どもはオランウータンの近くに、アフリカの子どもはライオンの近くに、北米の子どもはアライグマの近くに住んでいるかもしれません。けれども、どこに住んでいようと、みんな野生生物ウォッチャーになることができます。あなたの家のまわりの森や、もちろんあなたの家の庭に住んでいる生物も見つけてたのしんでください。野生生物を見つけるために遠くへ出かける必要はありません。あなたは、自宅のほんの裏口あたりに哺乳動物や鳥や昆虫たちがいることにびっくりすることでしょう。

・あなたの庭を野生生物に親しみやすいものにしてください。お父さんやお母さんに庭に自生の（その地域に特有の）木や草などを植えていいかどうか聞いてください。これらは、昆虫から動物まで、いろんな生物の住処や食物になります。それからまた、庭に、池や巣箱や小鳥の水浴び用水盤を作ることも検討してください。

・もし、ケガや病気のように見える動物を見つけたら、大人の人に動物救助隊に電話するように頼んでください。野生でも、飼い主のいる動物でも、すべての動物が私たちの助けを必要としています。そしてもちろん、そうした動物は助けられるべきなのです。

BOTTOM LEFT: PHOTO © CH'IEN LEE/MINDEN PICTURES

どうすればオランウータンを助けることができるか

● 「オランウータン・ケアセンター / 検疫所」のホームページにアクセスして、孤児のオランウータンの里親募金に寄付する。
https://orangutan.org

● あなたの家にある食品や家庭用品のラベルを見て、パームオイルが使ってあるかどうか調べてください。そして、お母さんやお父さんに、パームオイルの代わりに、ココナツオイル、アボカドオイル、アルガンオイル、グレープシードオイル、キャノーラオイル、オリーブオイル、ホホバオイルなどを使用している品を買うように検討してもらってください。

● パームオイルについて調べたことをクラスで発表してください。パームオイルを使って作られた多くの製品の写真をみんなに見せてください。毎日、注意深く生活用品を選ぶことによって、オランウータンの生息地を守ることができるのだということを、クラスのみんなに話してください。

● 「オランウータンを救おう・子どもクラブ」を学校や地域社会で始めてください。「パームオイルを使っている企業に手紙を出そう」運動を始めて、製品に使っているパームオイルを別のオイルに替えてオランウータンを救う助けをしてください、とお願いしましょう。

39

子どもたちがスージーに聞く

1. オランウータンを抱いたら、どんな感じでしたか？

赤ちゃんを抱くことができたのは、ほんとうに運がよかったのだと思います。赤ちゃんは大きな目でじっと見上げて、すり寄ってくるのよ。そして、ほんとにきつくしがみつくの。あんまり強くしがみついてるものだから、離すのがたいへんな時もあるの。

2. オランウータンは賢いですか？

はい。あのね、オランウータンは道具を使うことだってできるんですよ！　国立公園管理官が木を削って何かを作っているのを、子どものオランウータンがじっと見ていたことがあるの。しばらくしたら、その子が木片と小枝を拾って、小枝で木片を削るようにし始めたわ。管理官が木屑をふっと吹き飛ばすまで、まねたのよ。

3. オスのオランウータンはメスとはどんなふうにちがって見えますか？

オスは体がメスの2倍の大きさです。それから、顔の左右両脇に「フランジ」と呼ばれるとても大きなでっぱりができます。これは以前は「頬だこ」とも呼ばれていたもので、ほかのオスに対して自分の強さを示すためのものです。大人のオスは、大きな「のど袋」も持っています。それは、ロングコールと呼ばれる森中に響きわたる声を出すのに役立っています。

4. オランウータンは強いですか？

はい。まだ若いオランウータンでも、たいていの人間よりは強いですよ。木にぶらさがって生活するので、その体はものすごく強靭です。

5. オランウータンがやったことで、いちばんおかしかったことはなんですか？

若いオスのオランウータンが、そーっと私のポケットに手を入れて、リップクリームを取り出すとね、キャップを外して、自分の唇にぬってみようとしたの！

6. オランウータンの寿命はどれくらいですか？

野生では、50年くらいです。

7. オランウータンの背丈はどれくらいですか？

オスは、最大5フィート（1.5メートル）まで大きくなります。メスのほうは3.5フィート（1メートル）くらいまでですね。

8. オランウータンをこわいと思ったことがありますか？

ありますよ。大人のオスで、とても体の大きいオランウータンが近くに来た時には、やっぱりこわいなと思いました。野生のオランウータンとは、距離を保って、近づきすぎないことが重要です。オランウータンも私たちのことをこわがることがあるので、危険なのです。

9. 野生のオランウータンはどこへ行ったら見られますか？

野生のオランウータンを見るのに、私の好きな場所は、ボルネオのタンジュン・プティン国立公園です。でも、ボルネオ島やスマトラ島の別の場所でも、見ることができますよ。

用語解説

オランウータン基金インターナショナル
野生のオランウータンと生息地の熱帯雨林の保護・保存に取り組んでいる非営利団体で、ビルテ・マリー・ガルディカス博士により1986年に設立されました。

オランウータン・ケアセンター/検疫所
オランウータン基金インターナショナルにより1998年に設立された施設。森林破壊や密猟などで孤児となったオランウータンの乳幼児を救出して、野生にもどれるまで養育しています。また、病気やケガの野生のオランウータンも受け入れて治療しています。

検疫
新たに救助されたオランウータンを、ケアセンターのほかのオランウータンといっしょにする前に、隔離して、病気や寄生虫がいないか確認します。ケアセンター内での伝染を防ぐためです。

生息地
動物が自然に住んでいる場所。

絶滅
その生物の「種」が、地球上からいなくなること。絶滅が心配される種は、絶滅危惧種として「レッドデータブック」に登録されます。

里親のお母さん
母親をなくした赤ちゃんオランウータンを、人間が代わりに世話をします。その人のことを、里親のお母さんと呼びます。

赤ちゃん/子ども/若者/大人
オランウータンは、人間と同じように、赤ちゃん、子ども、若者、大人と成長していきます（赤ちゃんや子どものあいだは、目と口のまわりが白っぽいので、すぐわかります）。2歳くらいまでが赤ちゃんで、主に母乳で育ちます。生きていくために母親から学ぶことが多いので、長い子ども時代は、いつもお母さんといっしょにいますが、8～10歳くらいで若者として独立します。でも、ほんとうの大人になるには、さらに数年かかり、メスが最初の子どもを生むのは15～16歳といわれています。子育てするのは母親だけです。オランウータンの寿命はだいたい50歳くらいといわれ、メスは、そのあいだに3～4頭の子どもを生むようです。

森のビュッフェ
ビュッフェは、セルフ方式の食堂で、ならんだ料理から好きなものを取って食べます。

エコツーリズム
野生生物の生息地を訪れて、そこに住む生き物や環境に悪影響を与えないよう注意しながら、ありのままの生態を観察すること。

翻訳者ノート

1冊の絵本との出会いが、ガルディカス博士をオランウータン研究にみちびいた。

海都 洋子（かいと・ようこ）

　本書を翻訳することになり、「オランウータン基金インターナショナル」を創設し、いまも代表を務めているビルテ・マリー・ガルディカス博士の書いた本を読んでみました。また「基金」のホームページもインターネットで訪ねて、博士のことを調べました。「私はオランウータンを研究するために生まれてきた」という博士に、興味を引かれたからです。

　ガルディカス博士は、小学1年生の時、当時住んでいたトロント（カナダ）で、初めて行った町の図書館で1冊の絵本にめぐりあいます。その本が、彼女の一生の仕事を決めたというのです。それは『Curious George』(しりたがりやのジョージ、邦訳『ひとまねこざる』)でした。

　ははあ、それで、さる⇒オランウータンの研究なんだな、と思ったあなた、ちょっとちがいます。博士は、なんとこの絵本を読んで「探険家」になる決心をしたのでした。

　その後、「なぜ人間は存在するのか、人間の起源を知りたい」という思いから研究を始めた博士は、古人類学者のルイス・リーキー博士の講演を聞いて、オランウータン研究の必要性を確信します。リーキー博士は、アフリカで175万年前の「世界最古のヒト」のものと思われる骨を発掘した有名な科学者です。彼の「生きている霊長類こそ、ずっと昔に滅びた人類の、化石化した骨に肉をつけるためのモデル」という言葉が、ガルディカス博士に勇気を与えました（のちに彼女は、チンパンジー研究のジェーン・グドール、ゴリラ研究のダイアン・フォッシーとともに、「リーキーの天使」3姉妹と呼ばれることになりました）。

　ボルネオの密林で、いろんな困難と戦い、オランウータンを守り続けている博士は、ほんとうの意味で「探険家」なのかもしれませんね。

　1冊の本との出会いが、いかに大切な、すばらしいことであるかを、あらためて教えられました。

WILDLIFE RESCUE
Orangutan Orphanage
By Suzi Eszterhas
Originally published as Orangutan Orphanage
Text and photographs ⓒSuzi Eszterhas, 2016
Japanese edition published with permission from Owlkids Books Inc., Toronto, Ontario,
CANADA through Tuttle-Mori Agency, Inc., Tokyo
All rights reserved. No part of this publication may be reproduced, stored in retrieval
system, or transmitted in any form or by any means, electronic, mechanical photocopying,
sound recording, or otherwise, without the prior written permission of Rikuyosha Co.,Ltd.

●著者紹介
スージー・エスターハス（Suzi Eszterhas）
野生動物写真家。自然に暮らす野生動物の生態から、絶滅危惧種の保護や傷ついた野生動物の救護活動を写真で記録する。アメリカ・カリフォルニアを拠点に北極から南極、そして熱帯地方まで撮影活動を展開し、1年の大半を野生動物の生息地で過ごす。作品は"*Ranger Rick*"、"*National Geographic Kids*"、"*Smithsonian*"、"*Time*"や"*BBC Wildlife*"などの世界中で知られる雑誌や新聞に発表され、書籍化されている。日本語の訳書に『コアラ病院へようこそ』（六耀社）、「どうぶつの赤ちゃんとおかあさん」シリーズとして『ライオン』『ゴリラ』『チーター』『ヒグマ』『オランウータン』全5巻（さ・え・ら書房）などがある。

●訳者紹介
海都洋子（かいと・ようこ）
翻訳家。リテラシー教育研究者。米国ペンシルベニア大学教育大学院修士課程修了。M.S.Ed。Reading Specialistの資格を持つ。主な訳書にポーラ・ダンジガー『たんじょうパーティは大さわぎ』『ニコルズさんの森をすくえ』『こちら宇宙船地球号』（いずれも岩波書店）、レオ・ブスカーリア『パパという大きな木』（講談社）、L・M・オールコット『若草物語』（上下、岩波少年文庫）、ドキュメンタリー写真絵本にスージー・エスターハス『コアラ病院へようこそ』（六耀社）、絵本にU・エーコ／E・カルミ『火星にいった3人の宇宙飛行士』『爆弾のすきな将軍』『ニュウの星のノームたち』（六耀社）などがある。

デザイン　小林健三（ニコリデザイン）

野生動物を救おう！
森のなかのオランウータン学園

2017年3月15日　初版第1刷 発行

著　者　スージー・エスターハス（Suzi Eszterhas）
訳　者　海都洋子（かいと・ようこ）
発行人　圖師尚幸
発行所　株式会社六耀社
　　　　東京都江東区新木場2−1−1　〒136-0082
　　　　Tel. 03-5569-5491　Fax. 03-5569-5824
印刷所　シナノ書籍印刷株式会社
A4判変型／44頁／228×245mm
ISBN978-4-89737-888-6 C8645
NDC460
Ⓒ 2017 Printed in Japan

本書の無断転載及び複写は、著作権上で認められる場合を除き禁じられています。
落丁・乱丁本は、送料本社負担でお取り替えします。